SANATIN PENCERESİNDEN BİLİM

Gök Ağacı

THOMAS LOCKER

CANDACE CHRISTIANSEN

Çeviri: Ahmet COŞKUN

TÜBİTAK
POPÜLER BİLİM KİTAPLARI

TÜBİTAK Popüler Bilim Kitapları 814

Gök Ağacı - Sanatın Penceresinden Bilim
Sky Tree - Seeing Science Through Art
Thomas Locker
Candace Christiansen'ın soru ve cevaplarıyla

Çeviri: Ahmet Coşkun
Redaksiyon: Nihal Demirkol Azak

TÜBİTAK Popüler Bilim Kitapları'nın seçimi ve değerlendirilmesi
TÜBİTAK Kitaplar Yayın Danışma Kurulu tarafından yapılmaktadır.

ISBN 978 - 605 - 312 - 076 - 6

Yayıncı Sertifika No: 15368

1. Basım Temmuz 2017 (5000 adet)

Genel Yayın Yönetmeni: Mustafa Orhan
Mali Koordinatör: Kemal Tan
Telif İşleri Sorumlusu: Tuba Akoğlu

Yayıma Hazırlayan: Özlem Köroğlu
Sayfa Düzeni: Elnârâ Ahmetzâde
Basım İzleme: Özbey Ayrım - Murat Aslan

TÜBİTAK
Kitaplar Müdürlüğü
Akay Caddesi No: 6 Bakanlıklar Ankara
Tel: (312) 298 96 51 Faks: (312) 428 32 40
e-posta: kitap@tubitak.gov.tr
esatis.tubitak.gov.tr

Salmat Basım Yayıncılık Ambalaj San. ve Tic. Ltd. Şti.
Sebze Bahçeleri Cad. (Büyük Sanayi 1. Cad.) Arpacıoğlu İşhanı 95/1 İskitler Ankara
Tel: (312) 341 10 24 Faks: (312) 341 30 50 Sertifika No: 26062

YAZARIN NOTU

*T*üm hayatımı durmaksızın değişen gökyüzüne karşı ağaçlar çizmeyi öğrenerek geçirdim. Bunca yılın ardından hâlâ bir ağaca baktığımda ne kadar muhteşem olduğunu düşünmeden edemiyorum.

Fen bilgisi öğretmeni Candace Christiansen'la çalışmaya başladığımdan beri giderek daha bilinçli bir şekilde doğaya bilimsel bir gözle bakmaya başladım. Bu süreçte, ne kadar çok bilgi edinirsem merakımın da o denli arttığını fark ettim. Bu da *Gök Ağacı*'nın doğmasını sağladı.

Gök Ağacı yetişkinleri ve çocukları bir ağacın hayatını ve onun gökyüzü ile olan ilişkisini pek çok farklı açıdan deneyimlemeye davet ediyor. *Gök Ağacı*, sanat ve bilimi edebî bir dille bir araya getirerek hem kalbe hem de akla hitap etmeyi amaçlıyor.

– T.L.

*B*ir zamanlar

nehrin kıyısındaki tepenin üzerinde

yalnız bir ağaç yaşardı.

Bu ağacın yaprakları

uzun günler boyunca

sakin yaz esintisiyle

kıpırdanır dururdu.

Tepenin üzerindeki ağacın resmine baktığınızda harika bir yaz gününde kendinizi nasıl hissettiğinizi hatırlayabiliyor musunuz?

*A*ma sonra
günler kısalıp geceler uzadı.
Rüzgârlar soğudu
ve ağaç değişmeye başladı.

Bu gördüğünüz aynı ağaç ve aynı yerde duruyor.
Öyleyse bu resmi farklı yapan nedir?

Sonbahar gelmişti.
Ağacın yaprakları kırmızı,
turuncu ve altın sarısı
rengini aldı. Sincaplar telaşla
fındık, fıstık ve meşe palamudu
biriktirmeye başladı.

Bu resim size sonbahar renkleriyle ilgili ne anlatıyor?

Güneş her geçen gün

biraz daha geç doğuyordu.

Bir sabah güneş ışığı

ince bir kırağı tabakasının

üzerinde parıldadı.

Günün sonuna doğru yapraklar

dökülmeye başladı:

önce bir tane,

sonra bir tane daha...

Bu resim sizi neden hüzünlendiriyor? Ağaç ölüyor mu?

*B*ulutlu bir günde
yaşlı bir su kaplumbağası
kendini bahara dek uyuyacağı,
nehrin çamurlarına gömüyordu.
Ağacın çıplak dalları
göğe doğru uzanmıştı.
Bulutlar aralandı ve
gökyüzü bir anlığına
ağacın dallarını kapladı.

Bu resim neden böylesine garip ve ürkütücü?

*P*uslu bir sabah

eskiden ağacın yapraklarının

doldurduğu dallara

bir kuş sürüsü gelip kondu.

Kuşlar cıvıldıyor,

birbiriyle atışıyor ve

şarkılar söylüyordu.

Fakat sonra birden

kanatları rüzgârla buluştu

ve uçup gittiler.

Bu resim puslu bir gün hissini nasıl yansıtıyor?

*B*ulutlar toplanıp

ağacın boş kalan dallarını

kapladı ve sonra da

yavaşça dağıldılar.

Havadaki su taneciklerinin etrafımızdakileri görüş biçimimizi
ne şekilde etkilediğini bu resim nasıl yansıtıyor?

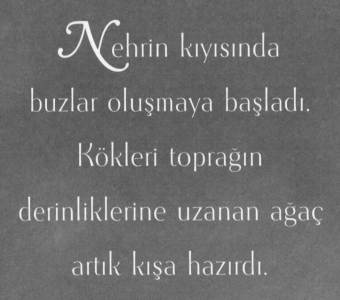

Nehrin kıyısında
buzlar oluşmaya başladı.
Kökleri toprağın
derinliklerine uzanan ağaç
artık kışa hazırdı.

Bu resim size sanki birazdan bir şeyler olacakmış hissini veriyor mu?

Kar yağdı. Bir sincap ailesi
soğuk kış günlerini
güvenle sığındıkları yuvalarında
birbirlerine sıkı sıkı sarılarak
geçirecekti.

Bu resim karlı bir günün durgunluğunu nasıl yansıtıyor?

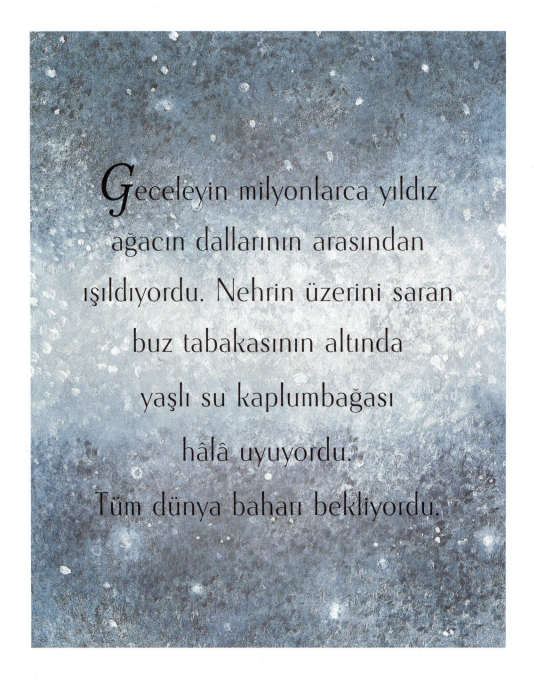

*Geceleyin milyonlarca yıldız
ağacın dallarının arasından
ışıldıyordu. Nehrin üzerini saran
buz tabakasının altında
yaşlı su kaplumbağası
hâlâ uyuyordu.
Tüm dünya baharı bekliyordu.*

Bu resim size kendinizi küçük hissettiriyor mu?

Bir akşamüstü
altın sarısı bir ışık
bulutların arasından süzülüp
ağacı ısıttı.
Nehrin üzerindeki buz
erimeye başladı ve kar
toprağın altına sızarak
kayboldu.

Bu resim kışın bitmekte olduğunu nasıl yansıtıyor?

Havayı ıslak toprak kokusu

sardı. Sincaplar tazecik

çimenlerin üzerinde koşturup

ağaca tırmanıyorlardı.

Ağacın özsuyu

sık tomurcuklarına kadar

ulaşmıştı.

Bu resim size kendinizi umutlu hissettiriyor mu?

Yaşlı kaplumbağa
tepenin sıcak yamacına
yumurtalarını bırakmak üzere
çamurdan çıktı.
Ağacın yaprakları
bahar güneşinde açılıyor ve
kuşlar yavrularına
yuva yapmak için
geri dönüyordu.

Şimdi ağaç eskisi gibi yemyeşil yapraklarla dolu.
Bu resim size yazla ilgili ne hissettiriyor?

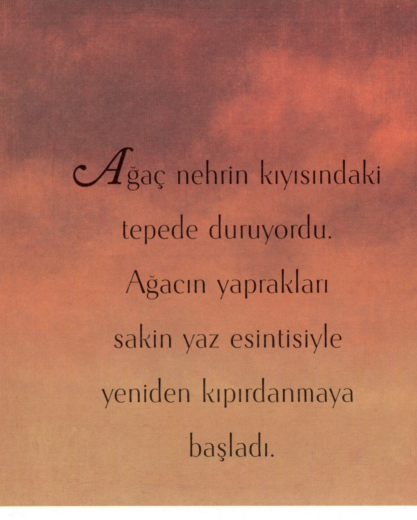

*A*ğaç nehrin kıyısındaki
tepede duruyordu.
Ağacın yaprakları
sakin yaz esintisiyle
yeniden kıpırdanmaya
başladı.

Sizce bu kitabın adı neden "Gök Ağacı"?

SANAT VE BİLİM *GÖK AĞACI*'NDA BİR ARADA

YAZ AĞACI

Tepenin üzerindeki ağacın resmine baktığınızda harika bir yaz gününde kendinizi nasıl hissettiğinizi hatırlayabiliyor musunuz?

Yaz mevsimi yılın yeşillerle ve pırıltılı güneş ışığıyla dolu sakin bir zamanıdır. Peki, ressam bu hissi resminde size nasıl yansıtıyor? Bulutların etrafındaki çizgilere bir bakın. Aslında hiç çizgi yok. Yazın mavi göğü bulutların beyazlığıyla buluşuyor. Bulutların kenarları çok hafif dokunuşlarla mavilere karıştırılmış. Ressam burada mavilerle uyumlu yeşiller tercih etmiş. Resmin her yanında güneş ışığını yansıtan küçük küçük parlak alanlar bulunuyor. İşte ağaç bu ışığı havayla, suyla ve toprakla birlikte kullanarak yaşayıp büyüyebilmesi için ihtiyacı olan tüm besini üretir.

DEĞİŞİM AĞACI

Bu gördüğünüz aynı ağaç ve aynı yerde duruyor. Öyleyse bu resmi farklı yapan nedir?

Yaz Ağacı'nın resmi açık tonda ve yumuşakça birbirine karışan renklerden oluşuyor. Burada ise ressam aynı objeyi kullanarak farklı bir atmosfer oluşturmuş. Bu resim keskin çizgilere sahip ve karanlık. Siyahlar ve kahverengiler koyu tonlardan açık tonlara çok hızlı geçiş yapıyor. Beyaz renkli küçük fırça darbeleri yaprakların rüzgârla ters yöne savrulduğu hissini veriyor. Bu resim bize değişen mevsimlerle birlikte ağacın çevresinin de değiştiğini gösteriyor. Mevsimler değişirken tüm canlılar da buna bağlı olarak değişir.

SONBAHAR AĞACI

Bu resim size sonbahar renkleriyle ilgili ne anlatıyor?

Bu resim zıt renklerle ilgili. Renk yelpazesinde turuncu mavinin zıttıdır, bu nedenle mavi turuncuyu olduğundan daha turuncu gösterir. Ressam burada sonbaharın coşkusunu ve renklerini ortaya çıkarmak için renk kutusundaki en parlak tonları kullanmış. Bu parlak renkler doğada da bulunur: Ağacın yapraklarında hep var olan sarı ve turuncu pigmentler şimdi kendilerini belli ediyorlar. Bu pigmentler, uzun yaz günlerinde ağaç için gereken besini üreten ve adına klorofil denilen yeşil pigmentin altında saklanıyorlardı.

KIZIL AĞAÇ

Bu resim sizi neden hüzünlendiriyor? Ağaç ölüyor mu?

Burada ressam tepedeki ağacı soluk gün batımı ışığı altında resmetmiş. Gökyüzü kırmızının yumuşak tonlarıyla boyanmış. Yapraklar parlaklığını kaybetmiş ve hatta o kadar çok yaprak dökülmüş ki ağaç bir iskeleti andırıyor. Ressam yumuşak renkler ve soluk ışıkla sonbaharın hüzünlü havasını hissetmemize yardımcı oluyor. Ağaç ölüyor gibi görünse de aslında suyunu muhafaza etmek için yapraklarını döküyor, böylece soğuk kış günleri boyunca hayatta kalabilecek.

GÖK AĞACI

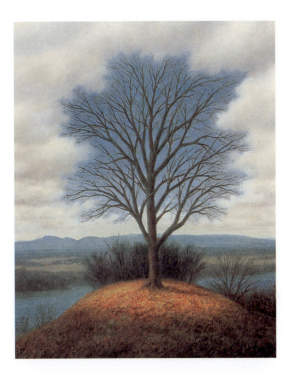

Bu resim neden böylesine garip ve ürkütücü?

Bu resim size kendinizi Kızıl Ağaç'taki gibi hüzünlü ya da Yaz Ağacı'ndaki gibi sıcak hissettirmiyor. Ressam yapraklardan arda kalan boşluğu gökyüzüyle doldurmuş. Büyük ihtimalle bunu neden yaptığını merak ediyorsunuzdur. Ressam kafa karıştırıcı bir tasvir seçerek, gerçekçi renkler ve çizgiler kullanarak merak uyandıran bir resim ortaya koymuş. Bu resim aynı zamanda ağaçla gökyüzü arasındaki ilişkiyi düşünmenizi de sağlıyor. Ağaç artık çıplak kaldığı için dalların nasıl da ışığa doğru büyüdüğünü görebilirsiniz.

PUS AĞACI

Bu resim puslu bir gün hissini nasıl yansıtıyor?

Bütün boyalar, ince öğütülmüş bir maddenin yağ, su ve hatta yumurta sarısı gibi daha sıvı bir malzemeyle karışımından elde edilir. Bu kitaptaki resimlerde yağlı boya kullanıldı. Yağlı boya yavaş kurur. Ressam boyayı karıştırmak için parmaklarını kullanabilir. Burada ise ressam puslu havayı yansıtabilmek için biraz açık gri boya alıp yumuşak bir fırçayla resmin üzerinden geçmiş. Bu da gördüğünüz her şeye daha yumuşak bir görüntü kazandırmış. Doğada da pus genellikle her şeyi bulanıklaştırarak görülmesini zorlaştırır.

BULUT AĞACI

Havadaki su taneciklerinin etrafımızdakileri görüş biçimimizi ne şekilde etkilediğini bu resim nasıl yansıtıyor?

Bu resimde pus yükseliyor. Havadaki nem; tuz ve toz parçacıklarının üzerinde toplanıp bulutları oluşturuyor. Dağlar tekrar görülebiliyor fakat çok çok uzaktalar. Sizce ressam dağları neden mavimsi bir renge boyamış? Hâlbuki o dağlara gidecek olsanız onların mavi değil kahverengi ağaçlarla kaplı olduğunu görürsünüz. Bir şeye uzaktan baktığınızda araya pek çok minik su taneciği girer ve bu da uzaktaki pek çok şeyin mavi görünmesine neden olur. Bu, dağları uzakta göstermek için ressamın kullandığı yöntemlerden biridir.

MOR AĞAÇ

Bu resim size sanki birazdan bir şeyler olacakmış hissini veriyor mu?

Ressam burada da aynı tekniği kullanıyor. Gökyüzünü ağacın yapraklarının yerini alacak şekilde boyamış ama bu sefer gökyüzünün rengi mor. Buradaki mor renk huzursuz edici bir şekilde ufuktaki sarı renkle çakışıyor. Hava kararıyor. Belki de resimdeki bu gergin hava ağaç için endişelenmenize neden oluyor. Kış geliyor ama ağaç zaten buna hazır. Ağaç, kökleri sayesinde kışın hayatta kalabilecek çünkü bu kökler onu şiddetli rüzgârlara karşı sıkıca yerinde tutacak ve ağacın kendi besinini üretemediği yılın bu zamanlarında besin kaynaklarına ulaşmasını sağlayacak.

KAR AĞACI

Bu resim karlı bir günün durgunluğunu nasıl yansıtıyor?

Karlı bir gün sessiz ve durgundur. Ressam bir kış öğleden sonrasının sessizliğini mavi ve gümüş renginin binlerce tonunu kullanarak yakalamış. Mor Ağaç'ın aksine burada zıt renkler ya da sert çizgiler yok. Her şey yakın planda ve düz görünüyor. Işık dengeli ve loş. Tek dikkat çeken şey ağacın güçlü gövdesi. Ağaç işte bu güçlü gövdesi sayesinde karların ağırlığını taşıyabiliyor.

YILDIZ AĞACI

Bu resim size kendinizi küçük hissettiriyor mu?

Bazı resimler büyük ve basit şekillerden oluşurken bazıları minik minik parçalardan meydana gelir. Bu resimde ressam ön plandaki her şeyi arka plana atmış. Bakışlarınız tepedeki ağacı aşıp gökyüzüne, milyonlarca kilometre uzaklıktaki sayısız yıldıza yöneliyor. Bir an için aklınıza bizim ne kadar küçük olduğumuz ve evrenin ne denli geniş olduğu geliyor mu?

ALTIN SARISI GÜNEŞ AĞACI

Bu resim kışın bitmekte olduğunu nasıl yansıtıyor?

Bu resim karın eriyişini ve nehirdeki buzun kırılışını gösteriyor. Kışın koyu mavi ve gri renkleri geride kaldı. Ağacın boş dallarını dolduran koyu renkli bulutun arkasından gelen altın rengi ışık huzmeleri güneş ve yeryüzü arasında köprü oluşturuyor. Işık yeryüzünü aydınlatıp resmin havasını yumuşatıyor. Aynı zamanda buzun erimesine neden olarak ağaca yeniden büyüme zamanının geldiğini haber veriyor.

TOMURCUK AĞACI

Bu resim size kendinizi umutlu hissettiriyor mu?

Bu resim neredeyse gözlerinizi kamaştırıyor. Güneş yalnızca beyaz ışık hâlindeki küçük bir daireden ibaret. Baharın mavi göğüne yavaşça dağılan yumuşak sarılarla sıcaklık hissi verilmiş. Ressam baharın ilk günlerindeki taze yeşil ve pembeleri de kullanmış. Güneşin taze sıcaklığını yüzünüzde hissedebiliyorsunuz. Hem metin hem de resim bahara dair ilk hislerimizi anımsatan öğelerle dolu.

YAZ AĞACI

Şimdi ağaç eskisi gibi yemyeşil yapraklarla dolu. Bu resim size yazla ilgili ne hissettiriyor?

Altın rengi karahindibalarla dolu bir yamacı çizmek için ressam bir haziran gününü seçmiş. Su kaplumbağaları şaşırtıcı bir dakiklikle her zaman hazirana denk gelen yılın en uzun gününde yumurtalarını bırakmaya başlıyor. Kuşlar altın sarısı ve mor gökyüzüne karşı yuvalarını yapmak için geri dönüyor. Renkler zengin ve canlı. Yaz güneşinin güçlü ışığı resmin yan tarafından geliyor ve ağacın bir bütün olarak görülmesine neden oluyor. Resim bütünüyle hayat dolu, büyümenin ve yeni başlangıçların işaretlerini taşıyor.

GÜNBATIMI AĞACI

Sizce bu kitabın adı neden "Gök Ağacı"?

Ağaçla göğün arasında özel bir ilişki var. Ağaç yaşadığı bu bir yıl boyunca gökyüzünden ışık, hava ve su aldı. Buna karşılık gökyüzünü yenilemek için su ve oksijen verdi. Gökyüzü ile ağacın yaşamı birbiriyle bu denli bağlantılı olduğu için bu kitaba *Gök Ağacı* adı verildi.

THOMAS LOCKER

1937 yılında New York'ta doğdu. Resim eğitimine altı yaşında başladı. 1944 yılında, şu an hâlâ Washington'daki Ulusal Hayvanat Bahçesi'nde bulunan dev bir ağacın resmiyle Washington'ın Times Herald sanat festivalinin çocuklar kategorisinde birincilik ödülü kazandı. Thomas Locker lisans derecesini Chicago Üniversitesi Sanat Tarihi bölümünden, yüksek lisans derecesini ise Amerikan Üniversitesi'nden aldı. Avrupa'da seyahat edip dersler aldı ve daha sonra Amerika'da pek çok üniversitede ders verdi. Pek çok galeride resimlerini de sergileyen Locker, Londra, New York, Chicago, Los Angeles ve daha birçok sanat merkezinde tek başına kırk beşe yakın sergi açtı. 1984 yılında *Where The River Began* adlı ilk resimli kitabını yayımladı. Otuza yakın kitabından pek çoğu The New York Times Yılın En İyi Resimlemesi, Amerikan Kütüphaneler Birliği En İyi Çocuk Kitabı ve Christopher Ödülü gibi ödüller kazandı. Thomas Locker 2012 yılında hayatını kaybetti.

CANDACE CHRISTIANSEN

Yirmi yıla yakın matematik ve kimya öğretmenliği yapan Candace Christiansen *Calico and Tin Horns*, *The Ice Horse* ve *The Mitten Tree* adlı üç çocuk kitabının yazarıdır.